奇妙的力与运动

了不起的科学实验

[塞尔维亚] 托米斯拉夫·森克安斯基 ● 著

[塞尔维亚] 米洛卢布·米卢蒂诺维奇·布拉达等 ● 绘

钟睿 ● 译

吉林科学技术出版社

© Kreativni centar, Serbia
Text: Tomislav Senćanski
Illustrations: Miroslav Milutinović Brada et al.

吉林省版权局著作合同登记号：
图字　07-2018-0056

图书在版编目（CIP）数据

奇妙的力与运动 /（塞尔）托米斯拉夫·森克安斯基
著；钟睿译. -- 长春：吉林科学技术出版社，2020.9
（了不起的科学实验）
书名原文：Simple Science Experiments 4
ISBN 978-7-5578-5616-8

Ⅰ. ①奇… Ⅱ. ①托… ②钟… Ⅲ. ①科学实验－青
少年读物 Ⅳ. ①N33-49

中国版本图书馆CIP数据核字（2019）第118982号

奇妙的力与运动 QIMIAO DE LI YU YUNDONG

著　　者	［塞尔维亚］托米斯拉夫·森克安斯基
绘　　者	［塞尔维亚］米洛卢布·米卢蒂诺维奇·布拉达等
译　　者	钟睿
出 版 人	宛霞
责任编辑	汪雪君
封面设计	薛一婷
制　　版	长春美印图文设计有限公司
幅面尺寸	226 mm × 240 mm
开　　本	16
印　　张	5
页　　数	80
字　　数	63千字
印　　数	1-6 000册
版　　次	2020年9月第1版
印　　次	2020年9月第1次印刷

出　　版	吉林科学技术出版社
发　　行	吉林科学技术出版社
地　　址	长春净月高新区福祉大路5788号出版大厦A座
邮　　编	130118
发行部电话 / 传真	0431-81629529　81629530　81629531
	81629532　81629533　81629534
储运部电话	0431-86059116
编辑部电话	0431-81629520
印　　刷	辽宁新华印务有限公司

书　　号	ISBN 978-7-5578-5616-8
定　　价	29.80元

如有印装质量问题　可寄出版社调换
版权所有　翻印必究

推荐序

让我们的孩子拥有一颗无限好奇的心
和一双善于实践的手

打开可乐罐，为什么会有很多泡泡冲出来？为什么抚摸猫咪的毛有时会产生小火花？为什么在阳光下穿黑色的衣服会觉得更热？为什么将金属片放在纸上，松开手它们会一起落地？为什么不倒翁永远也不会躺下？为什么一张无论多大的纸对折起来，最多都不能超过七次……

在我们的生活中，充满了各种各样有趣的、不可思议的现象，这些让小朋友们对世界充满无尽的好奇。当他们睁大美丽的眼睛，用可爱的童音问出一个个"为什么"的时候，正是他们开始想要了解这个多彩世界的时候。

"了不起的科学实验"系列图书就是为了满足孩子们强烈的好奇心而制作的一套经典儿童读物。如今越来越多的家长开始重视培养孩子的科学素养，可落实到具体操作上家长们却是一头雾水。本系列图书便能轻松解决这个问题，它不仅能够帮助家长们更好地为孩子解释种种奇妙现象背后的科学原理，同时更能够激发小朋友们对水、空气、热量、光、电、声音、磁力、重力等方方面面知识的浓厚兴趣，努力去探究那一个个"神奇魔法"中隐藏的秘密，培养一种对万事万物充满好奇、努力寻求答案的精神。正是这种始终对未知保持好奇的态度，才能使他们眼中的世界永远是新鲜、有趣、精彩无限的。

"阅读千次不如动手一次"，本系列图书不是单向式传输知识的普通科普读物，而是一套将科学知识与实验方法有机结合的互动手册，我们希望让孩子们掌握"体验式学习"这一重要的方法，使一个个简单、有趣的小实验，成为孩子们打开科学世界大门的钥匙。运用种种简易的小工具，通过孩子们自己动手操作，制造出纸杯传声筒、塑料瓶分蛋器、吸管牧羊笛、浴缸中的喷气艇、会变色的小风车，甚至还可以自己制作出彩虹……这些动手实践的乐趣和获得实验成功、探知科学原理的成就感，让孩子们在对知识加深记忆的同时，更加真切地体验到科学的魅力，发现生活的美好，从而更加喜爱实践，更加热爱生活。

　　丰富的好奇心加上反复不断地实践操作，会激发孩子们无限的想象力和创造力，让他们对世界、对人生产生许多与众不同的思索，或许会由此奠定他们热爱科学的基础，使孩子最终成为一名科技工作者，甚至一名优秀的、用创造性思维和技术改变世界、造福人类的科学家。当然，更加重要的是，我们希望我们的孩子能够始终保持对世界充满好奇的童心，秉持不轻言放弃尝试的可贵品质，从而拥有充实、丰富的快乐人生。

目录 Contents

微信扫码
获取本书线上阅读资源

知识拓展包/趣味小测试
实验操作视频/专家答疑
实验小课堂/阅读助手

力

力是物体对物体的作用，

力不能脱离物体而单独存在。

为了使物体由静止变运动，

或使其停止运动，需要向它施加力。

肌力

人在用力时，需要用到肌肉的力量。如果你有一个弹簧测力计，按照以下步骤，你就能够测出你的肌力。

所需材料：
- 弹簧测力计一个 ✓
- 瓶子一个，瓶塞一个 ✓
- 改锥一个 ✓
- 绳子一根 ✓

实验操作：

1. 把绳套踩在你的脚下，然后挂在弹簧测力计上。
2. 用力提起弹簧测力计。

实验现象：

弹簧测力计上的指针开始移动，最后显示出你所施加的力的数值。

实验原理：

力越大，弹簧被拉得越长，指针显示的数就越大。

如右图所示，你也可以测出拔出瓶塞时需要多少力。

实验拓展：

你和朋友尽全力拉弹簧测力计的弹簧，并记录最终数据。这样一来，你就能够比较一下，你跟朋友谁的力气更大了。

以少战多

实验操作：

1. 两个男生面对面，如图所示握着木棒。
2. 第三个男生把布条系在其中一根木棒上，然后将其绕两根木棒三圈。
3. 两个男生进行拔河比赛，用力将木棒分开，第三个男生拉着布条的另外一端，试图将木棒捆上。

实验现象：

第三个男生很轻易地就能使木棒捆在一起。

实验原理：

木棒跟布条形成了一个装置——一个可以提起或放下重物的简单设备。第三个男生所施的力，约为其他两个男生的1/5。施的力取决于布条绕木棒的圈数。

离心力

洗衣机洗完衣服脱水之后，衣服会紧紧地贴在洗衣桶壁上。这是洗衣机脱水旋转产生的结果。我们一起来做个实验，看看离心力究竟是怎么回事。

所需材料：
- 吸管一根 ✓
- 烧烤签一根 ✓
- 装了水的盆一个 ✓
- 胶带若干 ✓
- 剪刀一把 ✓

实验操作：

1. 用烧烤签在吸管中间扎一个洞。
2. 以洞为中心，左右两边3cm处，用剪刀剪开（不要剪断）。
3. 如图所示，将吸管折成三角形，末端用胶带粘在烧烤签尖端。
4. 把烧烤签尖端放入水中然后旋转。

实验现象：

吸管剪开处，会有水喷射出来。

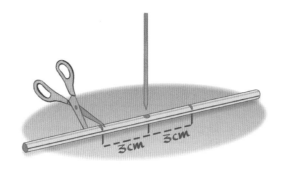

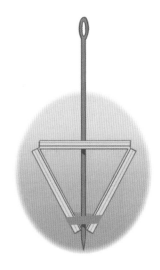

实验原理：

旋转烧烤签而产生的离心力，从旋转中心，朝着外部发力。这个力使得盆里的水进入吸管，继而从开口处喷射出来。遵循着同样的运动轨迹，在洗衣机脱水时，同样的离心力将衣服推挤到桶壁，由此，水便通过桶壁的小孔排走了。

向心力

微微摇晃，水杯里的水都有可能会洒出来。如果我们用力甩水杯，又会怎样呢？

所需材料：
- 塑料杯一个 ✓
- 水若干 ✓
- 绳子若干 ✓

实验操作：

1. 在塑料杯边沿处开两个相对的洞，然后用绳子穿过它们。
2. 水杯装半杯水，单手抓紧绳子的两端旋转水杯。

实验现象：

杯子里的水一滴不漏。

实验原理：

水不会滴下来，是因为杯子的向心力指向圆心，而水对杯底的力背离圆心，使得水一直"粘"在杯中。

纸盒的轮子

举起或是移动重物都不是一件容易的事情。下面的实验，我们一起来看看，能不能找到更加轻便的方法来移动重物。

所需材料：

- 大盒子一个 ✓
- 书十本 ✓
- 玻璃瓶三个 ✓

实验操作：

1. 把书放在盒子里。举起盒子要费很大的劲儿。
2. 再试试把盒子放在地面上推。
3. 把书取出，在盒子下面放三个瓶子，再把书本放回去，慢慢推盒子使其前进，但注意要不停地在盒子前面放瓶子。

实验现象：

直接推盒子很费劲儿。但当你在盒子下面放瓶子时，推起来就轻松很多了。但是盒子前进时，瓶子会留在后面，需要将后面的瓶子再重新放到盒子前方。

实验原理：

物体在另一物体的表面上运动时，会产生摩擦力。物体运动需要克服摩擦力。直接推盒子时，盒子和地面之间产生摩擦力，阻碍盒子运动。而在盒子下面放瓶子时，会使得滑动摩擦力变成滚动摩擦力。所以，一些大件物体移动时都装有滚轮。

简易滑梯

不同物体俯冲下来的速度都是一样的吗？我们一起来看看，有什么会影响下滑的速度。

所需材料：
- 相同的橡皮泥两块 ✓
- 相同的小盒子两个 ✓
- 纸巾若干 ✓
- 方形托盘一个 ✓

实验操作：

1. 把橡皮泥各捏成球状和立方体状。
2. 把其中一个小盒子用纸巾包住。
3. 把它们全部放在托盘的同一边。
4. 倾斜托盘，观察物体下滑的顺序。

实验现象：

小球马上就滚落下来。普通小盒子紧随其后，而用纸巾包住的盒子则停留一会儿后慢慢滑下来。立方体橡皮泥下滑的时间最长。

实验原理：

把物体放在平面上时，会产生摩擦力，降低物体的运动速度。表面光滑的物体（塑料盒），摩擦力较小；表面粗糙的物体（用纸巾包住的盒子），摩擦力较大。

压 力

力作用在物体表面时，便产生压力。

液体不论静止或是运动，同样都有压力。

以下几个实验，我们可以一起看看压力是怎么作用的，

我们又可以用压力来做什么。

微信扫码
获取本书线上阅读资源

知识拓展包/趣味小测试
实验操作视频/专家答疑
实验小课堂/阅读助手

硬币"盖章"

实验操作：

1.将硬币平放在橡皮泥上，然后用你的手指将它往下压。

2.将另外一枚硬币竖着放在橡皮泥上，再重复实验。

实验现象：

第二枚硬币压的印子更深。

实验原理：

第二枚硬币作用在橡皮泥上的面积远比第一枚的要小，压力相同时，作用面积与所受的压强成反比。因此，施加的压力相同时，作用面积小，压的印子就更深。

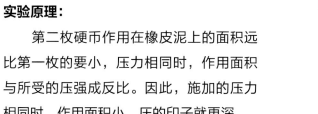

"吸杯"大法

你可以跟朋友们打个赌，只用手掌心，你就可以吸起一杯水。

所需材料：

- 装满水的杯子一个 ✓

实验操作：

1. 把水杯放在桌子上。
2. 打湿手掌心，然后如图所示平着压在杯口上，手指弯曲。
3. 伸直手指，继续往下压杯口。
4. 慢慢抬起手。

实验现象：

水杯会紧紧吸住你的手掌心。

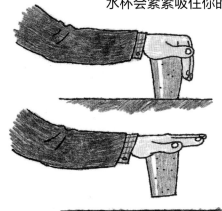

实验原理：

往下压杯口时，里面的空气会被挤压出来，这就使得里面的气压小于外面的。所以，杯子就紧紧地"吸"住你的掌心。

火箭试管

下面的实验中,试管会像火箭一样升起。

实验操作:

1. 往大试管里加水后塞入小试管,由此,大试管里溢出一些水。
2. 如图所示倒置试管。

实验现象:

两根试管间的水一滴滴流出,小试管慢慢升起。

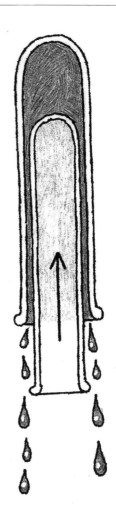

实验原理:

水流出的过程中,由于外界大气压的作用,小试管向上爬升。

喷泉

我们一起在房间里做一个小喷泉吧。

实验操作:

1.在瓶塞上钻一个能够通吸管的孔。

2.将瓶塞塞进空瓶子,插入吸管。

3.用橡皮泥封住吸管跟孔之间的缝隙。

4.用嘴吸出瓶子内的空气,然后立刻用手指封住吸管口。

5.倒置瓶子,把它放在装了水的瓶子上面,并把吸管伸进瓶内。

实验现象:

水会从吸管另一头出来,像是一个小喷泉。

实验原理:

下面瓶子里的气压比上面的要大,较大的气压作用在水中,使水向上升。

实验拓展:

看上图。如图所示,把两根弯曲的吸管插进瓶塞,较长的那根吸管要插进水里。然后向较短的吸管里吹气。当你吹气时,水会从长吸管口喷出。

瓶子漏水了吗？

气压能够帮助瓶子里的水流出，也能阻止它流出。我们一起来看看吧。

所需材料：
- 塑料瓶一个 ✓
- 针一根 ✓
- 装水的容器一个 ✓

实验操作：

1. 在瓶子底部扎一些小孔。

2. 把瓶子放在装水的容器中，等待瓶子装满水。

3. 用大拇指按住瓶口，取出瓶子。

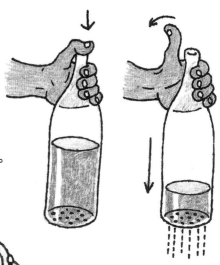

实验现象：

瓶子不会漏水。

实验原理：

由于存在大气压，当你松开大拇指的时候，水压跟气压同时作用，瓶子便开始漏水。

水雾吸管

下面的实验，我们一起来看看水怎样变成水雾。

所需材料：

- ☑ 吸管一根 ✓
- ☑ 水一杯 ✓
- ☑ 美工刀一把 ✓

实验操作：

1. 在吸管1/3处用刀划一个口子，注意不要划断。
2. 如图所示弯曲吸管。
3. 把较短的那边放入水里，注意吸管的口子不能低于水面。
4. 在另外一端大力吹气。

实验原理：

你吹气时产生的强气流导致吸管口的气压变小。在大气压的作用下，使水向上流。水流至吸管的口子处后，被气流吹成水雾。

实验现象：

水会从口子里喷出，形成小水滴。

漂浮的浮筒

把浮筒放入水中，若浮筒里面是空的，它会浮起来，但如果里面加满了水，它又会沉下去。如果我们又往里面打气，它们又会上浮，而且可以承载其他的东西。

所需材料：

- 小塑料瓶或玻璃瓶一个
- 可以弯曲的塑料吸管两根
- 薄塑料或橡皮软管一根
- 橡皮泥若干
- 装水大容器一个

实验操作：

1.往瓶子里装水，留一点空气在里面。

2.在橡皮泥中插入两根吸管，一根较长一根较短，然后把橡皮泥封在瓶口。

3.在较短的那根吸管口上接软管。

4.把瓶子放到装满水的容器里面，只让软管在水面以上。往软管里吹气。

实验现象：

空气会使瓶里的水从长吸管流走。瓶子逐渐变轻慢慢浮上来。

实验原理：

瓶子里面充满空气后比水的密度小，所以它会浮在水面上。

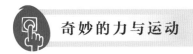

小小潜水艇

这个实验不仅能给你带来快乐，而且还能教你压力的知识。

所需材料：
- 塑料笔盖一个 ✓
- 橡皮泥或回形针一个 ✓
- 水一杯 ✓
- 广口塑料瓶一个 ✓
- 水若干 ✓

实验操作：

1. 如图所示，将橡皮泥或回形针连在笔盖上。
2. 用水杯做测试，把橡皮泥控制在刚好能使装置上浮至表面的量上。
3. 把装置放到装足量水的水瓶里。
4. 盖好瓶盖。
5. 用力挤压瓶身后突然放手。

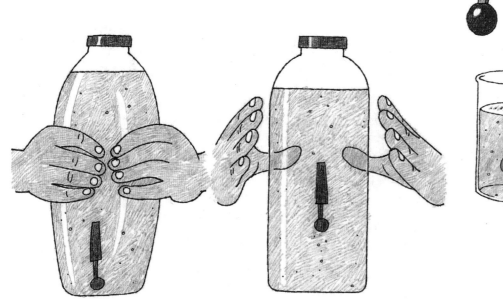

实验现象：

"潜水艇"先沉后浮。

实验原理：

你施加在瓶身的压力转移到水里，水的压力压缩瓶里的空气，使瓶中的水进入"潜水艇"使之变重下沉。施压结束后，"潜水艇"瓶里的空气恢复到正常水平，使其上浮至表面。用这个原理制作的玩具也被称为"浮沉子"。

与众不同的杯架子

所需材料：
- 气球一个 ✓
- 相同的茶杯两个 ✓

实验操作：

1.往气球里吹气。

2.如图所示，把杯子放在气球两边，继续往气球里吹气，但同时要把杯子往气球里压。

3.放开杯子。

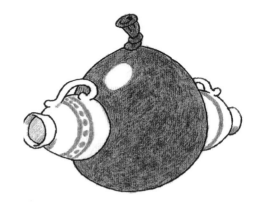

实验现象：

　　杯子会紧紧贴住气球，这样，你只需提起气球，就可以同时提起两个杯子。

实验原理：

　　气球将杯子里的空气挤出，外面更大的气压把它们紧紧压在气球上。

注意：

　　这个实验你需要一位朋友的帮助，多练习几次，才能顺利完成。

会呼吸的气球

通过下面的实验，可以让我们了解空气进入肺部的情景，一起来看看吧。

实验操作：

1. 如图所示，把气球塞入瓶内，气球口翻出套在瓶口。

2. 把剪掉底部的塑料瓶浸入水中。

3. 稍微抬起瓶子，看看气球有什么变化。

实验现象：

气球微微膨胀，好像有人往里面吹气一样。

实验原理：

把瓶子放在水底时，气球所处的空间很小。当你抬起瓶子时，瓶内的空气容量变大，瓶内的压强减小。因此，外面的空气进入气球，使得气球膨胀。

我们吸气时，胸腔的容量变大，减少肺里的压力，空气由此通过呼吸系统进入肺中。

隐形起重机

气流能吹灭蜡烛、吹走你的帽子、掀走房子的屋顶……下面的实验，我们一起来看看气流是怎么"举"起东西的。

实验操作：

1. 把圆纸片放在桌面上。
2. 如图所示，手心对着纸片，放在离其4~5cm远的地方。
3. 朝着纸片吹气。

实验现象：

纸片会被吹到你的手中。

实验原理：

直接向物体吹气，会加快物体上方的空气运动，而物体的下方却没有空气运动。空气运动慢的地方，压强更大，空气运动快的地方，压强会变小。压强之间的差异，使得物体飞起来。

水流和空气之间的小球

水龙头里流出来的水产生的力可以使物体移动。做个实验，看看究竟是怎么回事吧。

所需材料：
- 乒乓球一个 ✓
- 穿了线的长针一根（线末要打结）✓
- 家里的水龙头一个 ✓

实验操作：

1.用针穿过乒乓球，然后把它吊在水龙头旁边。

2.打开水龙头，看看小球在水和空气之间，会做出什么选择。

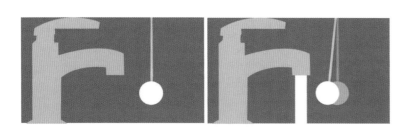

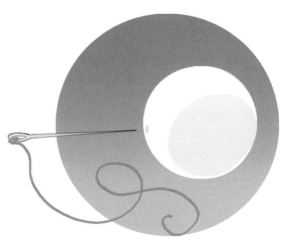

实验现象：

小球"选择了"水流。就算我们怕弄湿小球而放得远一点，它还是往水柱方向靠近。

实验原理：

小球和水之间的气流比另一边的要快得多，由此，小球和水之间的压强更小。两边的压强差使得小球向水流靠近。

船行事故

做一个水道模型，加上一点水，我们看看究竟碰撞是怎样产生的。

所需材料：

▇ 装足量水的澡盆一个 ✓
▇ 塑料盒两个（当作小船）✓
▇ 胶带一卷 ✓
▇ 接水龙头的水管一根 ✓

实验操作：

1. 把两个盒子相距一定距离放在澡盆内，线穿过盒子，线不要拉得过紧，将线粘在盆边。
2. 用水管朝着两个盒子中间放水，看看会发生什么。

实验现象：

盒子（小船）会靠在一起。

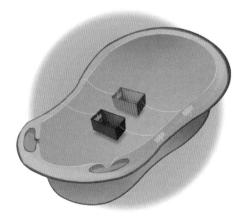

实验原理：

盒子之间快速流动的水使得压强变小，水流慢的那边压强则相对变大。压强之间的差异使小船碰撞。

风向标

如果你想知道风从哪边吹来，你可以做一个风向标。

所需材料：

- 小箭头一个
- 管一根
- 钉子一个
- 矿泉水水桶一个
- 沙子若干
- 指南针一个
- 胶水若干
- 毡尖笔一支
- 钻头一个

实验操作：

1. 把水桶放在院子或阳台处，并在里面装一半沙子。
2. 在水桶的盖子上用钻头钻一个孔。孔径需比钉子直径略大。
3. 用胶水把管粘在箭头的中间，钉子穿过管子，然后插进水桶盖子的孔中。注意不能插得太紧，确保其能自由转动。
4. 利用指南针判别方向，并在桶上记录方位。注意桶要放在风吹得到的地方。

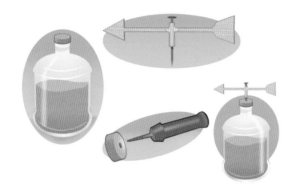

实验现象：

箭头会指示风吹的方向。

实验原理：

风吹来时会使箭头的方向与风吹的方向平行。即箭头与气流平行。风从北边吹来时，箭头会指向北方，这样，你就知道这是北风了。

风速

风是有等级的，稍稍改良风向标，我们在家里也能轻松感受风速的大小。

所需材料：

☑ 小钉子一个 ✓
☑ 乒乓球一个 ✓
☑ 线一根 ✓
☑ 防水笔一支 ✓
☑ 穿孔用的长针一根 ✓

实验操作：

1. 如图所示，在风向标的一边画上标志。
2. 把钉子钉在箭尾上，注意不要钉得太紧，需要留出一点空间。
3. 在乒乓球上扎孔，线穿过小孔，末端要打结。
4. 把乒乓球系在钉子上。

实验现象：

风吹球动。来回摆动的线会在风向标中形成角度，显示出风速大小。

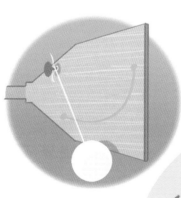

实验原理：

风的流动吹动乒乓球，而由于乒乓球被系在箭头上，只能像钟摆一样运动，显示出的角度表明了风速的大小。

沙子压力表

放在布丁上的勺子有时候会浮在表面，有时候又会压扁布丁。放在沙子上的铲子也是一样。我们一起来看看吧。

所需材料：

- 沙子若干 ✓
- 罐子两个 ✓
- 重物两包（可以用袋子装沙来代替）✓

实验操作：

1. 把沙子铺平，罐子放在沙子上，一个罐口朝上，一个罐口朝下。
2. 看看它们陷入沙子的程度。
3. 把重物放在罐子上，看看下陷的程度是否一样。

实验现象：

罐口朝下的罐子，会陷得更深。

实验原理：

表面受的压强取决于物体的重量和受力面积。受力面积大的罐子在沙子里陷得浅，而受力面积小的罐子则陷得深。

轻松分离蛋黄和蛋清

你遇到过分离蛋黄、蛋清的问题吗？下面的实验教你怎样利用压力把它们分离出来。

所需材料：

- 新鲜鸡蛋一个 ✓
- 塑料瓶一个 ✓
- 砧板一块 ✓
- 小碗一个 ✓

实验操作：

1. 把鸡蛋打在砧板上。
2. 轻轻挤压塑料瓶子，使其微微凹陷。然后把瓶口对准蛋黄并接触，再松开瓶子。
3. 将吸走蛋黄的瓶子移到碗上后，松开瓶子。

实验现象：

当你挤压瓶子再松开时，蛋黄会被吸入瓶内。松开瓶子时，蛋黄就在碗里了。

实验原理：

挤压瓶子时，里面的空气容量减少，松开手时，空气容量增加，瓶内的压强变小。要使得外面的压强与瓶内的压强一样，瓶子就需要吸入更多空气，而在瓶口的蛋黄也被吸了进去。

地心引力

地心引力也叫重力，是一种很神秘的力。

每个人都知道它的存在，是物体由于地球的吸引而受到的力。

但是，宇航员在无重力的外太空漂浮时，

并不意味着地球没有对他们施加地心引力。

比一比：地心引力和眼睛谁更快？

接下来，我们利用地心引力玩一个小游戏。

所需材料：
- 白卡纸一张 ✓
- 尺子一把 ✓
- 笔一支 ✓
- 剪刀一把 ✓

实验操作：

1.用剪刀把白卡纸剪成30cm长、5cm宽的长方形纸片。

2.将纸片平均分成6份，涂成如图所示的样子。

3.请一位朋友帮你将纸片举到与你的手垂直的上方。

4.当你的朋友放开纸片时，尽快地抓住它。

实验现象：

虽然看上去很简单，但你却不能抓到卡片最低处。

实验原理：

这是一场身体和地心引力比赛的游戏。在你的手接收到大脑发出的指令时，地心引力早已经把纸片往下带出几厘米了。

实验拓展：

请你的朋友垂直拿着纸筒，然后往里面放乒乓球。在乒乓球掉在地上以前，看你能否用尺子击中它。

不倒翁

　　物体总会尽可能地找稳定点。重心越低，越容易找到平衡状态。在下面的实验里，你可以做一个不倒翁来验证这个原理。

实验操作：

1.用橡皮泥将金属球粘到盒子的底部。

2.合上盒子，在上面画一张脸。

实验现象：

　　无论你怎么推不倒翁，它总会反弹，然后回到垂直状态。

重心

怎样才能找到一样东西的重心呢？我们一起来看看吧。

实验操作：

1. 用示指顶着一本书，借助另外一只手来找到书本的平衡点。
2. 将扫帚柄水平放在两根伸直的示指上。慢慢地移动示指，直至找到扫帚的重心。
3. 试着将扫帚垂直顶在额头上。

平衡

所需材料:

▨ 未开瓶的红酒瓶子一个 ✓

▨ 瓶塞一个 ✓

▨ 针一根 ✓

▨ 叉子两个 ✓

实验操作:

1. 小心地把针插到瓶塞里。

2. 如图所示,将两只叉子分别插在瓶塞相对的位置。

3. 小心地将针的底部插入红酒的瓶塞上,直至它们保持平衡。

实验拓展:

用铅笔使尺子保持平衡。将不同的东西(橡皮擦、卷笔刀等)放在尺子的两头。实验结果表明,为了保持平衡,铅笔的位置会更靠近物体稍重的那边。

不听话的身体

如果你想要让身体保持直立，身体的重心和你的立足点（两脚跟地面接触的地方）必须要处于同一垂线上。以下几个实验，将会证实这条定律。

实验操作：

1.贴墙站直。不弯曲膝盖，你是否可以捡起地面上的铅笔呢？

2.左侧贴墙站直。试试看能否提起你的右腿？

3.背靠椅背坐在椅子上，双腿弯成90度。看看身体不向前倾，脚不往椅子底下移动，你是否能够站起来？

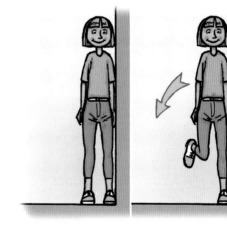

实验现象：

你不能做出这些动作。

实验原理：

现在解释一下为什么你不能做出这些动作。当你坐在椅子上时，身体的重心与椅子处于同一垂线。当你想要起来时，支撑力转移到你的脚上，但是你的重心并不在与脚垂直的线上，所以你会失去平衡，倒回椅子上。

前两个情况也是同样道理。

液 体

液体是三大物质形态之一，液体具有流动性，
没有一定的形状，把它放在什么形状的容器中它就有什么形状。

自制小喷泉

液体的重力产生压强，液体的压强作用在各个方向。我们一起来看看吧。

实验操作：

1. 往塑料袋里装水，然后密封。

2. 将塑料袋举至图中的位置，然后用大头针在下部扎孔。

实验现象：

由于水压的作用，水会向外流出来。

注意：

为使实验成功，应在塑料袋的上方也扎个孔，使气压同样能对水产生作用力。

奇妙的力与运动

自动浇花装置

在你出外旅游时，这套装置能帮你给家里的花朵补给水分。

所需材料：
■ 装水的容器一个 ✓
■ 放容器的底座一个 ✓
■ 塑料管或橡皮管一根 ✓

实验操作：

1.把装水的容器放到比花盆高的底座上。

2.如图所示，用软管将容器与花盆相连。

自动浇花装置

实验现象：

　　根据两个相连容器的水位相同的规律，花儿总会得到适宜量的水。

注意：

　　当你想要"浇水"时，首先把软管里的空气排出，水才会流到花盆里。此外，你要浇花的水位要比花盆高，水压要够。

实验原理：

　　管子两端的液体压强差使高处的液体流向低处。这种现象也叫虹吸现象。

是酒还是水？

酒比水更轻吗？接下来的实验里，我们不需称重，就能一探究竟。

所需材料：
- 完全一样的玻璃杯两个 ✓
- 普通的明信片一张 ✓
- 水一杯 ✓
- 白酒一杯 ✓

实验操作：

1. 分别往两个玻璃杯里加满水跟白酒。
2. 在装着水的玻璃杯上放明信片，举起杯子倒转过来。
3. 把装水的玻璃杯放到装白酒的杯上，把明信片朝着自己的方向慢慢抽出。

实验现象：

几分钟之后，白酒上升至上面的玻璃杯，而水则沉到下方。

实验原理：

水的密度大，酒比水更轻，但当液体朝着相反方向流动时，会有少许混合。

喷气艇

　　大多数机动船或快艇的动力都来自推进器。下面我们可以做一个简单的水力喷气艇。

所需材料：

- 空的塑料瓶一个 ✓
- 橡皮泥若干 ✓
- 长钉一个 ✓
- 气球一个 ✓
- 皮筋一个 ✓

实验操作：

1. 将橡皮泥放到瓶底，以免其太轻，还能保持稳定。

2. 在靠近瓶底的地方扎个孔。

3. 小心地将气球放到瓶子里。

4. 翻转气球口，套在瓶口上。瓶口周围用皮筋绑住。

5. 往气球里注水，水量约为瓶子的一半。

6. 手指按住瓶口，把瓶子放到装满水的浴缸里。

7. 放开手。你会看到一股水喷出，使得你的"船艇"行驶。

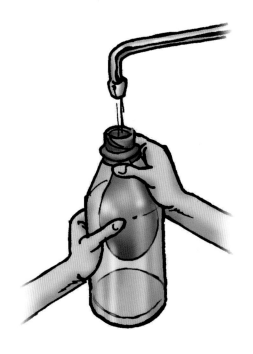

实验现象：

　　当水喷射出来时，"船艇"会向前走。喷出的水给浴缸里的水施加了压力，驱使着"船艇"往它的相反方向行驶。气球里的水喷得越急，"船艇"开得越快。

水里绽放的玫瑰

接下来，我们一起来制作一些会自己开花的纸玫瑰。

所需材料：
- 光滑的纸张 ✓
- 铅笔一支 ✓
- 剪刀一把 ✓
- 装水的容器一个 ✓

实验操作：

1. 如图所示，用纸剪出花的形状。
2. 在花瓣上涂颜色，并把它们朝内折起。
3. 放到水面上。

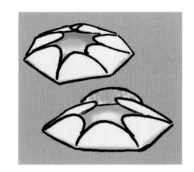

实验现象：

花瓣会慢慢地张开。

实验原理：

纸主要是由植物纤维构成的，而植物纤维内包含着很多小小的管道（毛细管）。当水进入毛细管时，纸吸收水分慢慢膨胀，然后，便慢慢地"绽放"。

水山

这次我们做一个很酷的实验：把硬币放到装满水的玻璃杯中，水却不会溢出来。

所需材料：
- 水一杯 ✓
- 硬币若干 ✓
- 盐少许 ✓

实验操作：

1.把硬币一个接一个地放入装满水的杯子中。

2.水面上升，却没有溢出。

3.往水里撒一小把盐，水仍然不会溢出来。

实验现象：

盐溶解于水，水依然不会溢出来。

实验原理：

我们看到的是一种叫作表面张力的现象。水表面的水分子会向里面的水产生分子作用力。它们使水面变得像塑料膜一样，阻止水的溢出。

不会下沉的金属

实验操作：

1. 把回形针放到吸墨纸上，然后把吸墨纸放到叉子上。

2. 慢慢把纸放到水面上。

3. 分别使用剃须刀片和针重复实验。

实验现象：

　　纸很快吸足水分向下沉，但回形针仍浮在水面上，使用剃须刀片和针的实验结果相同。

实验原理：

　　在上述实验中，表面张力能将物体保持在水面上。

空　气

作用在单位面积上的大气压力叫作大气压强，

气压是大气压强的简称。

气压的大小与高度、温度等条件有关。

不用胶水黏合的玻璃杯

在这个实验中，你会看到如何用燃烧的蜡烛使两个空玻璃杯紧紧黏合在一起。

所需材料：

■ 完全一样的玻璃杯两个 ✓
■ 小蜡烛一根 ✓
■ 湿的吸墨纸 ✓
■ 火柴 ✓

实验操作：

1. 点燃蜡烛，把它放到其中一个杯子里。
2. 把湿的吸墨纸放在杯口表面，另外的一个杯子倒放在上面。

实验现象：

几秒钟后，蜡烛熄灭，两个玻璃杯会紧紧黏合在一起。

实验原理：

由于纸里有气孔，使得空气流动，燃烧着的蜡烛会耗尽两个杯子里的氧气。里面的空气首先会由于温度升高而膨胀，在蜡烛熄灭后又会冷却下来，减少杯子里的压强。这就使外面的压力把两个杯子紧紧地压在一起。

水和硬币分离

不加满水、也不弄湿你的手，怎样把硬币从水里分离出来呢？

实验操作：

1. 往碟子里加水，把硬币放入碟中。
2. 把纸团放在玻璃杯里，点燃，翻扣在碟子上。

实验现象：

水会进入杯子里，只有硬币留在碟子上。

实验原理：

纸在燃烧时杯子里的空气会膨胀，火熄灭后空气冷却收缩，由此，杯内的气压下降。在外界大气压强的作用下，水被"吸"入到杯内。

把硬币吹下来

和朋友们一起试试能不能完成这项看上去很简单的任务。

所需材料:
- 大块橡皮一块 ✓
- 大头针三根 ✓
- 硬币一枚 ✓

实验操作:

1. 如图所示,把大头针扎在橡皮上,然后把硬币放在上方。

2. 请你的朋友们先来试试看,朝着针杆的方向是否能吹掉硬币。无论怎么试,他们都无法成功。

3. 现在,把你的下巴放到橡皮上来吹硬币。你很容易地就能把硬币吹掉。

实验原理:

你的朋友吹硬币时,硬币下方的气流比上方的气流速度更快,减少了下方的压强,上方的气压使得硬币更加紧密地贴在大头针上。当你在硬币下方向上吹气时,气体作用于硬币下方,硬币便被吹掉了。

将纸球吹进瓶内

看谁能把纸球吹进瓶子里。

所需材料：
- 空瓶子一个 ✓
- 小纸球一个 ✓

实验操作：

1. 在桌面水平放置瓶子。
2. 把纸球放在瓶颈处，试着把它吹进瓶子里面。

实验现象：

纸球没有被吹进里面，反而会飞出来打到你的脸。

实验原理：

吹气使得瓶内的气压增加，瓶口的压强降低。压强的差异使得纸球被喷出来。

气压有多强？

我们周围的气压时时刻刻影响着我们。我们一起来看看吧。

实验操作：

1.如图所示，将两个搋子相对，并把里面的空气挤出。

2.试着把它们拔开。

实验现象：

你会发现拔开搋子并没有想象中那么简单。

实验原理：

搋子相对，在你挤出空气后，不容易将两个搋子拔开。因为外面的气压足够把它们紧紧压在一起。

"隔空"压扁罐子

不碰罐子，你怎样才能压扁它呢？

所需材料：
- 空的饮料盒一个 ✓
- 水若干 ✓

实验操作：

1.将热水倒入盒子中，立刻盖严盖子。小心不要被烫到。

2.把盒子放到水龙头下用冷水冲。

实验现象：

　　盒子很快就被压扁了。

实验原理：

　　冷水倒在盒子上时，盒子内的水蒸气遇冷液化，使盒子内的气体减少，气压变小，在外界大气压的作用下，盒子被压扁。

空气大力士

你能够"吹"起很重的书吗？

所需材料：
- 厚塑料袋一个 ✓
- 书几本 ✓

实验操作：

1.把塑料袋放在桌面上，上面放几本书。

2.使劲往塑料袋里吹气。

实验现象：

书本会被"吹"走。

实验原理：

　　被压缩的空气会产生很大的力量。汽车轮胎里的空气能很轻松地承受几吨的质量，自行车的轮胎也是同样的道理。

空气动力的反向操作

起风时，风会带动树枝弯向一边。而气流也会使得物体朝着我们意想不到的地方运动，我们称物体背离预期方向而运动为反向操作。

所需材料：
- 铅笔两支 ✓
- 薄纸两张 ✓

实验操作：
1. 如图所示，拿着放在铅笔上的纸。
2. 往纸中间使劲吹气。

实验现象：

纸并没有被吹向两边，反而贴在了一起。

实验原理：

纸张中间的气流比外面的要强。物理原理告诉我们，气流强，压强小，反之亦然。在这次实验中，外侧更大的压强把两张纸往内推。

实验拓展：

如果你往管里吹气，看看乒乓球是不是也会出现这样的反向操作。

热

当物体被加热时，

不同的物体会不同程度地发生改变，

传热程度也会不同。

它们还会改变物理状态。

接下来我们一起看看吧。

热钉子会变粗

所需材料：

- 金属丝一条
- 大钉子一根
- 钳子两把
- 热源（蜡烛或酒精灯）一个

实验操作：

1. 如图所示，用钳子把金属丝的一端绕着钉子拧一圈。
2. 用钳子夹着钉子靠近热源。
3. 钉子变热后，用另外一把钳子夹着金属线，试着将钉子拔出来。

实验现象：

钉子拔不出来。

实验原理：

加热后，钉子受热膨胀体积增加。

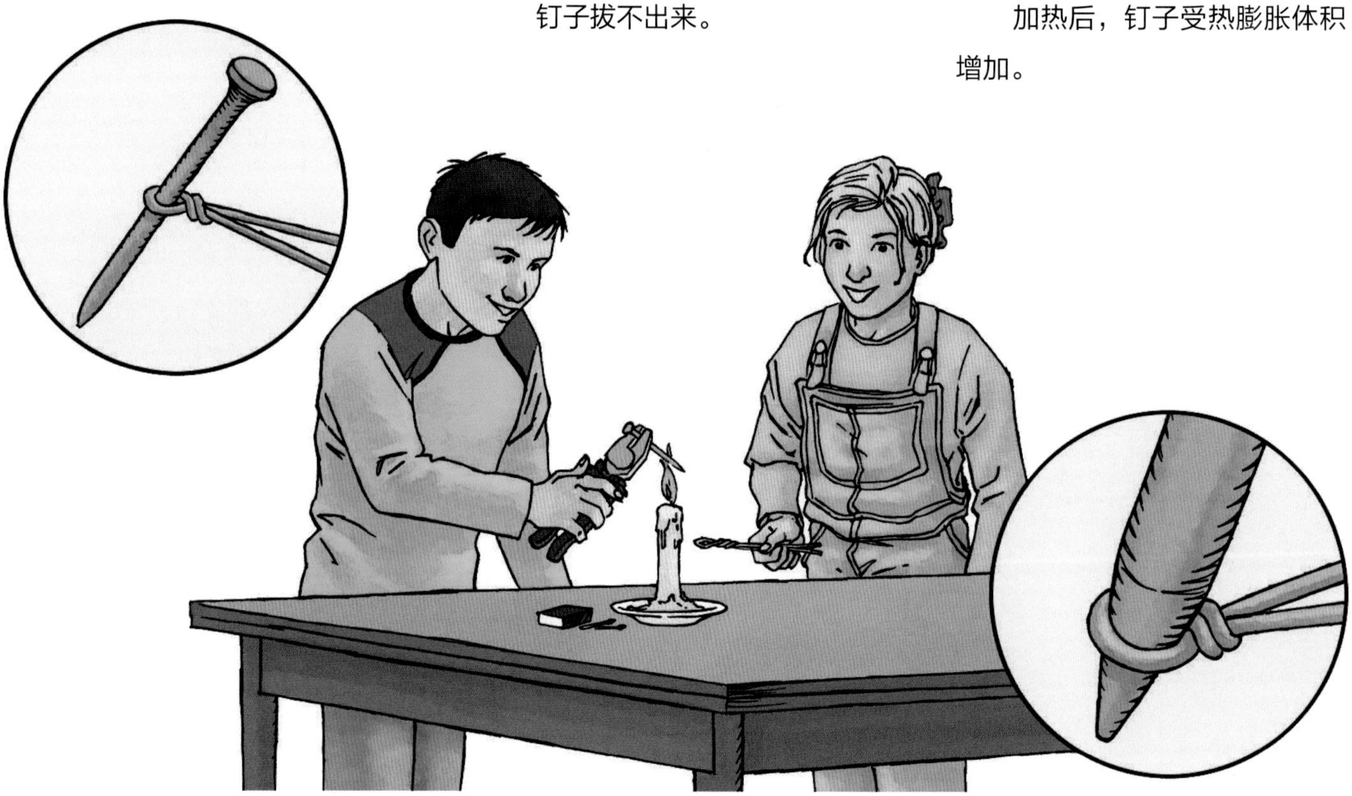

自融冰

不用加热同样可以使冰融化——压力就可以做到。

所需材料:
- 宽瓶颈的瓶子一个 ✓
- 冰一块 ✓
- 细金属丝若干 ✓
- 砝码(或其他重物)两块 ✓

实验操作:

1.把冰块放在瓶口。

2.在金属丝两边系好砝码,横放在冰块上。

实验现象:

金属丝逐渐把冰块切开。

实验原理:

金属丝对冰块施加的压力产生了摩擦,致使金属丝的温度升高。变热的金属丝将冰块融化,"切"开了一道口子。

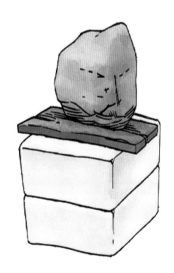

实验拓展:

将两块冰块叠放,然后把小木板放在上方,再把重物放在顶部。3分钟后,小木板和重物会试着破开两块冰。过程会有点慢。原理跟上面的实验一样。

盐融冰

给你的朋友演示一下,你是如何不碰触冰块,却能把它从水杯里拿起来吧。

所需材料:
- 水一杯 ✓
- 冰块一块 ✓
- 细线一根 ✓
- 盐若干 ✓

实验操作:

1.把冰块放在水里。

2.打湿细线,然后横放在冰块上。

3.在细线上和冰块的上表面撒一点儿盐。

实验现象:

细线旁的冰开始融化,但是很快又会把细线给冻起来。现在,你拿着线的两头,然后把冰块拿出来吧。

实验原理:

盐水的冰点比水的低,所以盐会融解一些冰,在这过程中,冰失去热量,但是冷的冰块很快又使盐水结冰,所以,线被冻在冰块上了。根据这个原理,在冬天,路面需要用很多盐来融冰。

热熔黄油

用金属调羹来搅拌热茶，很快你就能够感受到调羹因为热茶而变热——热量从调羹较热的一端，传递到较冷的另一端。这样的热的传递，我们称为热传递。我们一起来学习一下吧。

实验操作：

1.把黄油切成大小相同的小块。

2.将小块黄油分别放在三根小棒的顶部。

3.如图，把三根棒放在容器里。

4.往容器里加热水。

实验现象：

金属棒上的黄油熔化得更快，而木棒和塑料棒上的黄油好像并没有变化。

实验原理：

金属能够很好地传导热量，木材跟塑料却不是很好的热传导物质。

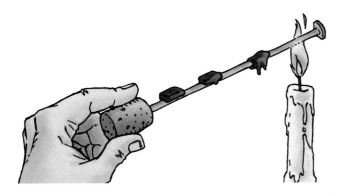

实验拓展：

沿着长钉放几块巧克力，然后把长钉的一端靠近热源加热——金属能传热，由此，巧克力一块接一块地熔化了。而且你会发现，如果另外一端没有用瓶塞或其他东西来隔开手指，很快你就被热得拿不了长钉了。

黑和白

接下来的实验告诉你不同颜色的物体对热量的吸收是否一样。

所需材料:

- 相同的瓶子两个 ✓
- 相同的玻璃罐两个 ✓
- 水若干 ✓
- 大小、厚度完全一样的纸两张，但要一张白纸一张黑纸 ✓

实验操作:

1. 用白纸包住一个瓶子，黑纸包住另一个瓶子。
2. 如图所示，往罐子里加入水，瓶子开口处塞入罐中。
3. 把它们放在阳光能直射的地方。

实验现象:

被黑纸包住的瓶子产生更多的气泡。

实验原理:

黑色比白色能吸收更多的热量。所以，黑纸包住的瓶子比白纸包住的瓶子吸收的热量更多。而当空气遇热膨胀时，会试着逃出瓶子，由此产生气泡。

现在，我们把它们放到阴凉的地方。很快你就会看到，黑纸包住的瓶子里的水会更多，证明有更多的空气遇冷收缩，由此，水爬升代替空气原先的位置。

运 动

植物生长，鸟儿飞翔，水往低处流。所有的这些都是运动。

但是，植物会枯萎，鸟儿会在树上休憩，水流会抵达湖海。

这时，我们会说，它们"静止"了。

那么，是否有一种状态是绝对静止，或是固定不动的呢？

动跟静是相对存在的。只有在有参照物的情况下，

我们才能说某一物体是运动的。

你在运动吗?

这个实验会告诉你参照物的重要性。

实验操作:

1.如图所示,一个人戴上眼罩,另外的两个人则托起戴眼罩的人。

2.负责托举的两个人在原地踏步。

实验现象:

戴眼罩的人不知道自己有没有前进。

实验原理:

当我们看不到周围的事物时,就没有了参照物,我们自身无法察觉位置的变化。因此,我们无法确定我们有没有前进。

一次运动，两条轨迹

我们不能脱离参照物说运动。我们通常把物体与参照物放在同一个坐标系里，这样的坐标系我们称为参考系。物体的轨迹要依靠参考系而言。接下来的实验，我们一起来看看吧。

实验操作：

1. 如图所示，将两张卡纸分别剪成图中的形状。
2. 在2号卡纸上剪开一条垂直缝隙。
3. 在两张卡纸上画上"观察者"。
4. 如图所示，将卡纸放在空白纸上。
5. 1号卡纸不动，将2号卡纸向右滑动，同时，铅笔在缝隙中上下涂画。

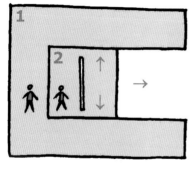

实验现象：

2号卡纸上的"观察者"看到铅笔在同一直线上上下移动，而1号卡纸上的"观察者"会看到铅笔沿"Z"字形运动。检查白纸，你也能看到"Z"字形的印记。

实验原理：

为了能够描述出一个物体的运动轨迹，我们一定要知道此次运动的参照物。因此，我们必须要明确一个参考系。

水流的速度

如果物体以一定速度穿过不同的路径，那它们所用的时间也会不同。那么，当水在河里流淌时，我们怎样才可以测算出水速呢？

所需材料：
- 木棍两根 ✓
- 木板一块 ✓
- 秒表或者有秒针的表一块 ✓

实验操作：

1. 如图所示，将木棍钉在河边。
2. 量出木棍之间的距离。
3. 将木板放在河里，计量它从木棍间漂过的时间。
4. 距离除以时间，就能得到水流速度。记得最后加上计算单位（m/s）。

实验现象：

木板从一根木棍漂向另一根木棍。

实验原理：

在规定范围内记录目标物的移动，根据速度等于距离除以时间，从而计算出水流速度。

气泡的运动

潜水员呼气时，会有气泡涌出水面。我们一起做个实验，看看气泡是怎样运动的。

所需材料：
- 透明的塑料管（70cm长）一根 ✓
- 薄木板（72cm长）或硬纸板一块 ✓
- 塞子两个 ✓
- 胶带若干 ✓
- 秒表一块 ✓

实验操作：

1. 在管的一端塞好塞子。拉直塑料管，用胶带粘在木板上，以免弯曲。胶带之间的间隔为10cm。

2. 从管的另一端加水，只留一个气泡，然后塞好塞子。

3. 准备好秒表。然后将木板的一端微微抬起。

4. 测出气泡在胶带之间运动的速度。

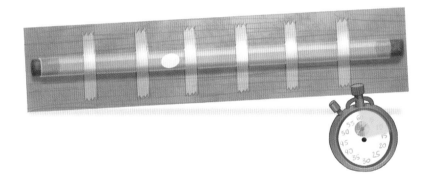

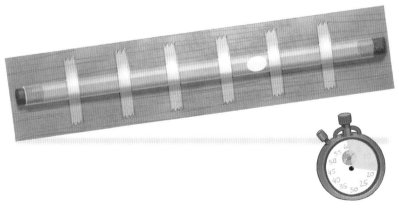

实验现象：

抬高一点，速度就快一点。

球的运动

物体的运动轨迹可以是直的，也可以是弯曲的。做个实验，一起来看看吧。

所需材料：
- 纸片（6cm*35cm）一张 ✓
- 剪刀一把 ✓
- 橡皮泥做的小球两个 ✓
- 笔两支 ✓
- 胶带若干 ✓

实验操作：

1. 在纸片上剪两张6cm×6cm的小纸片，然后如图1裁剪。
2. 在长纸片的末端剪一个小洞，然后如图2所示，把纸片拼在一起。
3. 用胶带把一支笔粘在桌子边缘，吊起刚刚拼合而成的装置。
4. 把球A和球B放到指定的位置（如图3）上，然后用另外一支笔击打长纸片，看看小球会怎样运动。

图1　　图2　　图3

实验现象：

猛然一打会使得纸片突然移动。球B会直直地掉下去，而球A则从原本的位置上反弹，沿着弯曲的轨迹，再掉落地面。

实验原理：

由于惯性，球B会留在原处，又由于引力作用，它便掉落在地面。当长纸片移动到最远处，球A会继续向前移动。再加上引力作用，直到落在地面，它的运动轨迹呈弯曲状。

笔的轨迹

一起来做一个模型,看看物体在不同方向是怎样运动的。

实验操作:

1. 如右图所示剪纸板。在圆形的边缘处,开一个铅笔尖刚好可以插进去的小洞。

2. 将白纸放在模型下,铅笔插进小洞中画圆。看看笔留下的痕迹。

3. 然后,把白纸向右拉,同时通过小孔画圆。现在看看笔迹的变化。

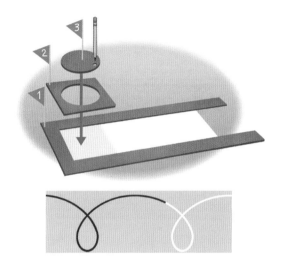

实验现象:

如果你只转动圆形的纸片,纸上的笔迹也是圆形的。但当你把纸片向右拉时,白纸上则会呈现特殊的轨迹线。

实验原理:

如果从点1和点2处观察,运动的轨迹是圆形的。从点3处观察的话,并不觉得在运动,因为笔尖到点3的距离一直没变。当纸片向右移动,纸上则会呈现出特殊的线——摆线。这次的运动轨迹,只能从点1处观察。每一处观察的笔尖运动轨迹都不一样。

与被观察物相关的物体被称为参照物。在此次实验中,参照物便是点1、2和3。我们学习运动时,选择物体的参照物十分重要。

多米诺效应

石子扔进平静的湖面时，会在水面上激起同心圆状的涟漪。下面的实验，我们一起来找找波浪运动的其他形式吧。

所需材料：

■ 多米诺骨牌若干 ✓
■ 橡皮球一个 ✓

实验操作：

1.把四张多米诺骨牌摆成十字路口形，注意不要离得太近。

2.在它们后面摆上其他的骨牌，骨牌间距离为3~4cm。

3.把橡皮球在"十字路口"间放下，看看会发生什么。

实验现象：

橡皮球会使得前面的骨牌倾倒，紧接着，后面的骨牌一张接一张地倒下，像波浪一样。

实验原理：

掉落的橡皮球把能量转移到最近的骨牌中。第一张骨牌又把能量转移到第二张，以此类推。骨牌模拟了波浪行进的情境。这就跟石子掉落湖面后激起涟漪的原理一样。

石子的机械能在水里通过分子转移，形成波浪，进而形成一个个同心圆涟漪。

隔山打牛

下面的实验，我们一起来看看究竟发生了什么有趣的事。

实验操作：

1.在平面上，把硬币摆成一条直线。

2.把另一枚不同的硬币，隔开一段距离，放在"队伍"前面。

3.用手指把这枚硬币朝着"硬币队伍"弹过去。看看会发生什么。

实验现象：

硬币会击中"队伍"中第一枚硬币，而"队伍"最后一枚硬币竟然向后移动了。

注意：

这次的实验可以只用两枚硬币，或是两个球。

实验原理：

弹过去的硬币把能量转移到"队伍"中第一枚硬币，第一枚硬币又把能量转移下去。能量在一枚枚的硬币中转移，像是波浪一样，这就是最后一枚硬币运动的原因。传播的速度跟弹过去的硬币速度一样。

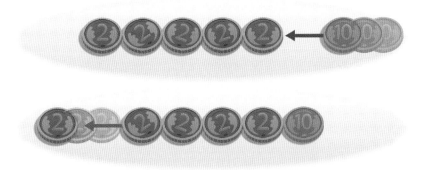

跳舞的珍珠

你可以用珍珠来做实验看看波浪运动的方式。

所需材料:

- 有孔的大珍珠5~6个 ✓
- 木长勺两个 ✓
- 线若干 ✓
- 胶带若干 ✓

实验操作:

1. 用线穿过珍珠。
2. 如图所示,将长勺用胶带固定在桌子边缘。线两端绕圈,套在长勺上。
3. 重复以上步骤,将线穿过珍珠并套在长勺上。
4. 拉开第一颗珍珠,使其撞击第二颗。

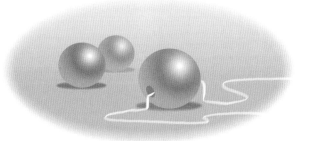

实验现象:

最后一颗珍珠会弹起。

实验原理:

能量随着珍珠传递下去,使得最后一颗珍珠弹起。最后一颗珍珠弹起后返回,击中倒数第二颗珍珠,最后使第一颗珍珠弹起。如此反复几次,直到能量逐渐消失。

摇摆的轨迹

我们一起来做下面的实验，探索更多的摇摆运动吧。

所需材料：
- 沙一包 ✓
- 纸板一张 ✓
- 针一根 ✓
- 笔一支 ✓
- 胶带若干 ✓
- 喷水器一个 ✓

实验操作：

1.用胶带把笔粘在桌子的边缘，沙包吊在笔上。

2.把纸板用喷水器喷湿后，放在地板上，其中一端正对沙包的下方。

3.用针在沙包上扎一个孔，摆动沙包，观察沙在纸板上的轨迹。

4.慢慢拉走纸板，看看轨迹又会变成什么样。

实验现象：

沙包摆动时，沙子倾倒在湿纸上，形成一条线。当你慢慢拉动纸板时，沙子会在上面形成波形线。

实验原理：

摆动时的沙包一直左右移动，沿着同一个的线路，由此，漏在纸板上的沙子呈一条直线。而当你拉动纸板时，沙子形成波形线，是因为沙包在做单摆运动。

网球反弹

我们一起来做个实验，看看温度是否会影响网球，从而影响运动员的发挥。

所需材料：
- 网球一个 ✓
- 米尺（1米长，标有厘米和毫米）一把 ✓
- 冰箱一个 ✓

实验操作：

1. 米尺垂直放置，然后将网球从顶点处自由落地，标注球反弹的高度。

2. 重复上述步骤，取球反弹高度的平均值。

3. 把球放进冰箱冷冻30分钟，重复步骤1，比较一下结果。

实验现象：

冷冻过后的球，反弹的高度比较低。

组成物质的分子不是静止的，相反，它们总是不停地运动。

实验原理：

网球是由许多分子组成的。在室温下，分子移动比较容易，所以，球在反弹的时候，更有弹力。而球在冷冻过后，分子紧密地靠在一起，所以弹力变弱，反弹的高度也比较低。如果将网球放入液氮中，它会变得像石头一样硬。

实验记录：

	第一次	第二次	第三次	平均值
常温球				
冷冻后的球				

作用力与反作用力

在力学中，力总是成对出现的，其中一个力叫作作用力，

对应的大小相等，方向相反的力叫作反作用力。

当一个物体向另一物体施力（作用力）时，

第二个物体会对第一个物体施同等的力（反作用力）。

以下几组实验将会给大家演示这些力。

被空气推着走的车

实验操作：

1. 把塑料管插进气球里，绑紧气球口。
2. 将塑料管系在火车上，用塑料管向气球里吹气。
3. 气球吹大后，立刻将火车放在轨道上。

实验现象：

空气朝着一个方向排出，火车会沿着车轨向反方向移动。

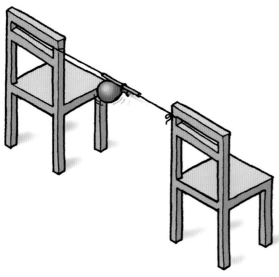

实验拓展：

将塑料管和气球连在一起。把线拉直穿入塑料管，将线的两头分别捆在椅子上，让空气从气球排出。当空气排出时，气球和塑料管会沿着线往相反方向行进。

分飞"万里"

实验操作：

1.将刀片弯曲，用线系在火柴盒上。

2.用线将火柴盒吊起。

3.用火烧断缠着刀片的那根线。

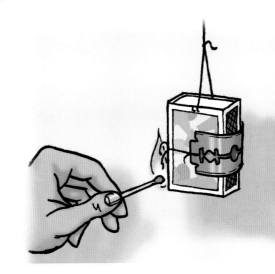

实验现象：

　　刀片会飞到一边（作用力），而火柴盒会飞到另外一边（反作用力）。

注意：

　　做此实验一定要在家长或老师的陪同下操作。

旋转水瓶

所需材料：

- 小塑料瓶一个 ✓
- 塑料管两根 ✓
- 线几条 ✓

实验操作：

1.如图所示，弯曲塑料管，在塑料瓶上扎小洞，然后将塑料管插进洞里。

2.往瓶子里加水。

实验现象：

水会从塑料管里流出，瓶子会朝着水流的反方向旋转。

锡罐摇篮

实验操作:

1. 使用锤子和钉子,在罐口边缘扎两个相对的孔。
2. 在罐底部边缘扎两到三个更大的、距离紧密的孔。
3. 如图所示,用绳把罐子吊在浴缸上方。
4. 慢慢朝罐里加水。

所需材料:

- 空奶粉罐一个
- 装水的容器一个
- 绳若干
- 锤子一个, 钉子一根

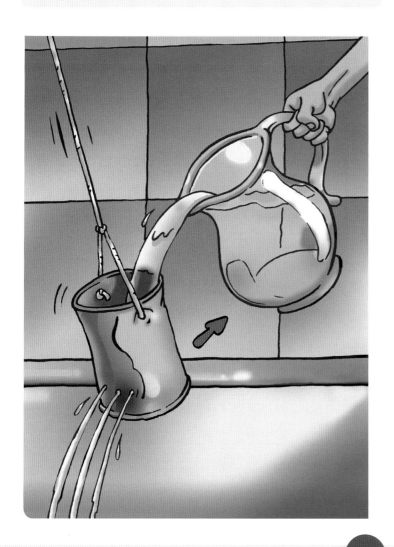

实验现象:

罐子朝着水流出来的相反方向摇摆。

实验原理:

罐子的运动是由水流的反作用力引起的。

注意:

最好在浴缸或洗手池里做这个实验。

奇妙的力与运动

行驶的盒子

所需材料：

- 气球一个 ✓
- 没有盖的纸盒一个 ✓
- 弹珠若干 ✓
- 木棒两根 ✓
- 晾衣夹一个 ✓
- 剪刀一把 ✓
- 线一条 ✓

实验操作：

1.如图所示，在两根木棒摆成的轨道之间放弹珠。

2.在纸盒上开一个稍大的孔，在两边相对的地方扎两个小口放线。

3.将气球放入纸盒里，气球口穿进大孔中。

4.往气球里吹气，用晾衣夹封口。

5.线横穿气球系紧，使得气球保持在盒内。

6.把盒子放在轨道之间，拿走晾衣夹。

实验现象：

盒子在弹珠上移动。

实验原理：

空气从气球中逃出（作用力），盒子朝着另外一个方向前进（反作用力）。

72

哪个掉落得更快？

通过下面的实验，我们可以知道空气阻力对掉落物体的影响。

所需材料：

■ 金属片一块 ✓

■ 跟金属片一样规格的纸片一张 ✓

实验操作：

1.将金属片和纸片水平拿起，同时放手使它们掉落。

2.再将金属片放在纸片上，使它们一起掉落。

实验现象：

第一次实验中，金属片会首先到达地面。而在第二次实验中，金属片则和纸片同时到达地面。

实验原理：

金属片跟纸片在掉落时，都受到同样的地心引力影响，但在第一次实验中，金属片首先到达地面，因为它的质量比纸片大，更容易冲破空气阻力。而在第二次实验中，它与纸片受到的阻力一样。

这不仅是一本少儿科学实验读物
更是您的阅读解决方案

建议配合二维码使用本书

本书特配线上资源

▶ **知识拓展包**

下载知识拓展包，看物理化学生物的拓展知识，激发学习兴趣，帮助孩子轻松积累学科知识。

▶ **趣味小测试**

通过趣味小测试，检测孩子知识掌握情况，查缺补漏，帮助孩子巩固学科知识。

▶ **实验操作视频**

看实验操作视频，从实验中清晰了解科学现象产生的过程，让孩子对科学产生浓厚兴趣的同时，为以后的学习打下良好基础。

▶ **专家答疑**

专家在线答疑，解决孩子阅读过程中产生的困惑。让孩子阅读更轻松，家长辅导少压力。

▶ **德拉创新实验室小课堂**

看实验室小课堂，轻松学习物理科普知识，了解生活中的物理现象，让孩子学习更有动力。

▶ **阅读助手**

为您提供专属阅读服务，满足个性阅读需求，促进多元阅读交流，让您读得快、读得好。

获取资源步骤

第一步：微信扫描二维码

第二步：关注出版社公众号

第三步：点击获取您需要的资源

微信扫描二维码

获取本书线上阅读资源